AF388846

ARDOISIÉRE OUVRIÈRE

DE

HARCY-RIMOGNE

(ARDENNES)

NOTICE

IMPORTANCE DE LA CONCESSION

NATURE DU GISEMENT

ÉTAT DES TRAVAUX EFFECTUÉS

Projet d'Exploitation moderne

PARIS

IMPRIMERIE NOUVELLE (ASSOCIATION OUVRIÈRE)

11, RUE CADET, 11

1907

L'ARDOISIÈRE OUVRIÈRE DE HARCY - RIMOGNE

RAPPORT

De la Délégation du Conseil d'Administration de la Chambre Consultative, ayant été étudier la situation de l'Association ouvrière des Ardoisières de Rimogne et visiter l'exploitation de la concession de Risquetout, à Harcy (Ardennes).

Avant d'entrer dans la relation de notre voyage à Harcy-Rimogne (Ardennes), nous devons déclarer que nous en rapportons une excellente impression, tant au point de vue de l'étendue et de la valeur du gisement concédé, du commencement de l'exploitation de la couche à sa partie à rendement, que de l'esprit persévérant et solidariste des courageux travailleurs de l'Ardoisière ouvrière de Rimogne.

Quelques généralités sont nécessaires au début de cette étude, pour avoir une notion élémentaire de l'industrie ardoisière, suivre les travaux d'établissement et d'installation préalables à toute exploitation, en déduire le complément d'organisation qui reste à effectuer, afin de pouvoir retirer à bref délai de cette riche concession les magnifiques résultats qu'elle est appelée à donner.

Les ardoisières font partie des industries extractives dont les matières sont employées telles qu'elles sont extraites du sol, comme la pierre à bâtir, le marbre, la houille et l'ardoise, dont nous nous occupons.

Ces industries, quoique exigeant des frais d'établissement considérables, en ont cependant bien moins que les industries extractives dont les matières subissent des transformations, telles que les minerais de fer, de cuivre, de plomb, etc. C'est pourquoi ce sont les premières auxquelles les Sociétés ouvrières se soient attaquées, et après avoir constaté l'exploitation de la houille par la Société « La Mine aux mineurs, de Monthieux (Loire), de la pierre à bâtir par la Société « La Fourmi », de Porcieu (Isère), nous avons aujourd'hui à suivre les ardoisiers de Harcy-Rimogne (Ardennes), et nous aurons sous peu à faire de même pour les ardoisiers de Parennes (Sarthe).

En France, les gisements les plus remarquables de roche

se laissant, dès l'extraction, débiter facilement en lamelles très minces, se trouvent aux environs d'Angers et dans le département des Ardennes, où l'on distingue trois centres principaux : Fumel, Harcy-Rimogne et Monthermé.

Cette roche argileuse est désignée communément sous le nom de schiste ardoisier.

Dans les Ardennes, les gisements de schiste sont recouverts de masses considérables de terre et de roche, c'est pourquoi l'extraction s'y fait en souterrain, tandis que près d'Angers, elle se fait en carrières à ciel ouvert.

Le schiste ardoisier n'est bon à donner un produit utilisable qu'arrivé à une certaine profondeur, et plus l'on descend, plus le grain de la pierre devient meilleur et augmente la qualité de l'ardoise.

Il faut aller, dans les Ardennes, à environ 130 mètres de profondeur pour rencontrer du schiste à rendement.

Géologiquement, les gisements de schiste ardoisier ont la forme d'un œuf, c'est ce qui permet de déterminer les différents endroits où l'on peut retrouver la même couche.

L'exploitation se fait par le creusement d'une galerie servant à l'enlèvement des matières extraites ; elle est armée de rails et de conduites d'air, de vapeur ou d'évacuation d'eau indispensables à l'entretien de la mine. Les ouvriers se servent d'un autre passage.

Quand on est arrivé à l'endroit où se trouve la pierre exploitable, l'on établit à droite et à gauche de la galerie, les uns au-dessous des autres, des chantiers désignés dans les mines sous le nom d'ouvrages.

La préparation d'un ouvrage, c'est-à-dire la fouille à effectuer pour obtenir une chambre suffisante pour que plusieurs hommes puissent y travailler se nomme le crabotage ; c'est une opération toujours très pénible, très longue, et très coûteuse, elle peut être renouvelée plusieurs fois, avant de fournir un emplacement définitif s'il se trouve des failles de roches étrangères dans le gisement.

Le crabotage terminé, l'arrachement du schiste se fait en haussant, c'est-à-dire en abattant par le plafond ; pour cela, les ouvriers délimitent au pic en triangle le bloc à faire tomber, et provoquent le décollement au moyen d'un coup de mine ; le bloc est ensuite débité en morceaux convenables pour être transportés.

Les déchets en foisonnant suffisent à combler les vides et permettent d'élever le plancher des ouvriers pour atteindre continuellement le plafond de l'ouvrage.

Un ouvrage commence à entrer en production dès que l'on peut y mettre quelques mineurs ; il est dit en pleine activité lorsqu'il y a environ une dizaine d'ouvriers, qui se répartissent la besogne ainsi : 6 ou 8 abatteurs, 1 ou 2 porteurs ou rouleurs pour transporter les morceaux de schiste au wagonnet de la galerie. Le nombre des ouvriers abatteurs du fond commande celui des fendeurs à la surface, en les alimentant suffisamment de morceaux de schiste à débiter; on compte deux fendeurs pour un abatteur : chaque fendeur débite en moyenne 5 à 600 ardoises par journée, selon la qualité de la pierre.

Pour marcher industriellement dans une ardoisière, les ingénieurs estiment qu'il faut produire annuellement au moins 6 millions d'ardoises.

Ces considérations préliminaires énoncées, nous allons-

ARDOISIÈRE OUVRIÈRE DE RISQUETOUT

Plan des lieux annexé à l'arrêté préfectoral de délimitation
en date du 6 octobre 1906.

entrer dans l'examen de la situation particulière de l'ardoisière ouvrière de Harcy.

L'Association ouvrière des Ardoisières de Harcy-Rimogne possède la concession de l'ardoisière de Risquetout, en vertu de l'obtention qui en fut demandée à l'instigation et sur les instructions de M. Poulain, député socialiste, par M. Dié, qui en fit apport à la Société, ainsi que cela se trouve mentionné par l'article 5 des statuts :

« M. Dié apporte à la Société :

« Ses droits à la concession qu'il a pour une durée de quatre-vingt-dix-neuf ans, à partir du vingt-huit juillet mil neuf cent deux, sur un hectare de superficie et sur vingt hectares de tréfonds dans les coupes ordinaires, numéro un et deux du triage d'Harcy, sur Harcy même, lieu dit Risquetout, tel que le tout a été borné et délimité et résultant :

« 1° D'une concession provisoire par arrêté de M. le Préfet des Ardennes, en date du 27 janvier 1902 ;

« 2° D'une acceptation en concession définitive en date du 28 juillet 1902 ;

« 3° D'un acte passé devant Me Gobled, notaire à Lonny, le 15 octobre 1902, établissant ce droit de concession définitive et à cet acte se trouvent jointes les pièces justificatives de délimitation et de concession, et enfin 4° d'un arrêté préfectoral des Ardennes autorisant M. Dié à céder ses droits à la Société l'*Association ouvrière des Ardoisières de Rimogne*, lequel arrêté est demeuré annexé à un acte de dépôt passé devant Me Gobled, notaire à Lonny, le 13 décembre 1902.

« Au moyen de cet apport, la Société se trouve subrogée activement et passivement dans tous les droits et obligations de M. Dié, et elle poursuivra, au lieu et place de ce dernier, la réalisation du contrat de concession dans les actes et arrêtés sus-énoncés.

« Le présent apport est fait sans indemnité au profit de M. Dié, mais à charge par la Société de payer en son lieu et place à la Commission syndicale du triage d'Harcy les redevances fixées par le contrat de concession ci-devant rappelé et de la manière et aux époques y indiquées, et de rembourser ce qu'il a pu avancer jusqu'ici en raison de cette concession, soit une somme de mille francs. »

Les redevances fixées à l'article 5 sont de verser au triage d'Harcy le montant de la valeur du 40e des ardoises retirées de l'ardoisière.

L'apport de M. Dié fut ainsi apprécié, à la date du 29 décembre 1902, par MM. Henri Rieux et Cazaretz-Jouart, commissaires chargés par l'assemblée générale de faire un rapport sur sa valeur.

« La concession ardoisière de Risquetout a une contenance de 20 hectares de tréfonds et 1 hectare de superficie.

« Elle renferme deux couches : la première a une puissance de 34 mètres d'épaisseur ; la seconde a une puissance qu'on ne peut pas, quant à présent, déterminer.

« Ces deux couches ont une étendue de 500 mètres de longueur sur 400 mètres de largeur. Toutefois il peut exister des séparations et intervalles inutilisables dans l'ensemble de ces couches ; comme ces dernières affleurent à environ 150 mètres de la concession, elles seront exploitables dans presque toute leur étendue.

« Le volume de ces couches ne peut être facilement
déterminé et ne peut être fixé que par des chiffres approxi-
matifs attendu qu'elles ne
sont pas à l'état d'exploitation jusqu'ici ; néanmoins,
pour avoir une idée approximative de ce que pourrait
fournir cette concession, on
pourrait, en tenant compte
du schiste inexploitable, des
piliers de soutènement et
des déchets provenant du
débitage de la pierre dans
la mine, de la fabrication
de l'ardoise, et pour cela
diminuer de 40 0/0 le cube
global de la concession, de
là on arriverait aux chiffres
suivants :

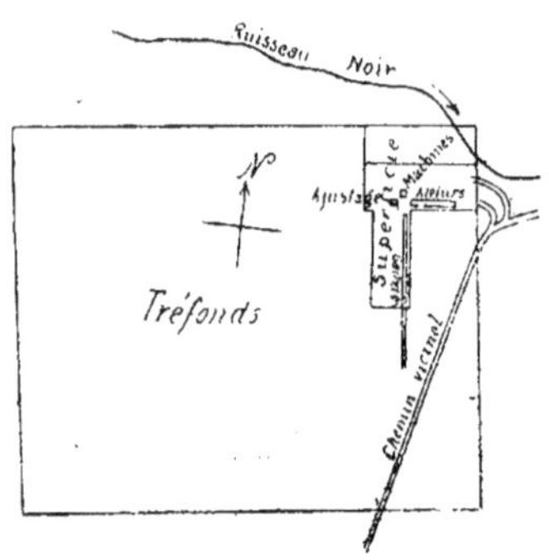

PLAN DE LA CONCESSION

$$500 \times 400 \times 34 = 6.800.000^{m3}.$$

« En abandonnant 40 0/0 du gisement pour les piliers de
soutènement pour le schiste inexploitable et les déchets dont
il a été parlé ci-dessus, soit 2.700.000^{m3}, le volume exploitable resterait donc de 4.080.000^{m3}.

« Etant donné que le mètre cube donne en moyenne 3.000
ardoises, la quantité approximative que donnerait l'exploitation de couche Risquetout serait de 12.240.000 d'ardoises.

« L'ardoise se vendant au prix moyen de 28 francs, cette
couche représenterait une valeur de 342.720.000 francs.

« Le bénéfice net laissé par 1.000 ardoises étant en
moyenne de 10 francs, le bénéfice de cette exploitation
serait de 122 millions 400.000 francs.

« De ce qui précède, il résulte que la concession apportée
à la Société en formation, l'Association ouvrière des Ardoisières de Rimogne, est avantageuse pour cette Société, sur-
tout qu'elle est faite sans avantages, ni rémunération aucune,
sauf les frais avancés et le paiement des redevances, le tout
énuméré dans les statuts. »

La Société anonyme à capital variable, en formation :
Association ouvrière des Ardoisières de Rimogne, due à l'ini-
tiative du député des Ardennes, Albert Poulain, ancien
ouvrier mécanicien, fut constituée définitivement le 25 décembre 1902, au capital de 20.550 francs, représenté par
411 parts de 50 francs souscrites par les ouvriers ardoisiers
syndiqués de Rimogne et par les groupements ouvriers de
la région.

Les ardoisiers de Rimogne se libérèrent de leur souscription en fournissant des heures de travail, à raison de

30 centimes l'heure, qui furent portés à leur compte action, et les groupements ouvriers fournirent les premiers fonds qui servirent à l'achat du matériel et à la construction de l'usine et des ateliers.

Une modification statutaire apportée modifia la dénomination en *Association ouvrière des Ardoisières de Harcy-Rimogne*.

Le 7 juin 1903, une équipe de trois ouvriers commença à travailler à la concession de l'ardoisière de Risquetout.

Avant d'énumérer ce qu'a fait l'Association ouvrière, il y a lieu d'observer que la concession accordée s'appliquait à une ardoisière ayant déjà été ouverte et abandonnée en 1841, après huit années d'exploitation.

Les moyens insuffisants d'évacuer les eaux qui envahissent les mines et l'absence de routes pour se rendre à l'endroit de la forêt des Ardennes où se trouvait l'ardoisière, furent sans doute les motifs qui expliquent pourquoi les premiers concessionnaires se rebutèrent dans la poursuite de leur découverte.

Leurs travaux de galerie, l'essai de deux ouvrages et la reconnaissance de la couche inférieure sur une épaisseur de 25 mètres, représentant 25.000 francs de dépenses, dont profita l'Association ouvrière.

La main-d'œuvre dépensée pendant les sept mois de 1903 (juin à décembre) furent la continuation des travaux d'approche des anciens.

Sur le vu de quelques bonnes roches l'on tenta, à 92 et à 113 mètres, d'ouvrir des ouvrages, tant pour se créer quelques ressources que pour calmer l'impatience des premiers souscripteurs, en leur montrant que l'on pouvait sortir de l'ardoise de la concession, on en débita 150.000; mais la pierre étant inégale, on ne s'attarda pas d'avantage en chemin, et l'on fonça à 120 mètres.

Là, on commença à craboter un cinquième ouvrage désigné sous le n° 4, dont les premiers abattages montraient que l'on avançait sur le schiste à rendement, en 1904, on en retira 503.400 ardoises.

En 1905 cet ouvrage fut mis en pleine activité et tout en crabotant un 6° ouvrage à 145 mètres l'on obtenait 1.099.500 ardoises.

Enfin, depuis le commencement de 1906, le 5° ouvrage n'a cessé de bien produire; l'abattage était commencé au 6° ouvrage, et à 165 mètres un 7° ouvrage était sorti du crabotage; au 30 septembre l'on avait retiré de la mine 1.251.900 ardoises.

A l'Ardoisière ouvrière de Rimogne, l'habitude est de travailler en employant à chaque ouvrage une double brigade de fond, faisant chacune alternativement huit heures dans la mine.

Au 1° juillet 1906, le chiffre du personnel occupé dans

l'entreprise sociale atteignait 71 : on pourra juger de l'importance du 5ᵉ ouvrage, dit n° 4, dans l'exploitation, quand on s'aura que, sur ce total de 71 personnes, le 5ᵉ ouvrage occupe, au fond, 2 brigades, comprenant chacune 8 abatteurs, 2 rouleurs, soit en double 20 mineurs, et à la surface, 32 fendeurs, soit une équipe de 52 ouvriers.

L'installation de la mine comprend trois bâtiments, l'un pour l'atelier des fendeurs, le second pour la force motrice, le troisième pour l'ajustage.

Le matériel se compose de générateurs, machines à vapeur, treuil, câble métallique, rails, pompe, tuyaux de vapeur, d'aération ou de conduites d'eau, poutres de soutènement réservoirs, etc.

Les moyens de transports sont assurés par trois voitures et trois chevaux.

Les bureaux de la société et les écuries des chevaux sont à Harcy.

La valeur d'établissement de la concession de Risquetout représente, tant en main d'œuvre de creusement (déduction faite de celle ayant été productive de la galerie de déblaiement des deux ouvrages de recherches et des 5ᵉ, 6ᵉ et 7ᵉ ouvrages à rendement, qu'en installation matérielle, une valeur approximative de 225.000 francs.

Sa valeur réelle est bien supérieure: en cas de vente, l'on ne sait jusqu'à quel chiffre pourraient monter les enchères, quand on songe que la mine est débarrassée de toute incertitude, que l'on est sur le banc exploitable, dont la production peut rendre à volonté pendant plusieurs siècles, production ne connaissant de limite que celle des moyens que l'on peut mettre en œuvre ; on est sur le trésor, il n'y a que la peine de l'arracher, le débiter, le façonner et le vendre; il n'y a pas de prix pour une telle découverte;

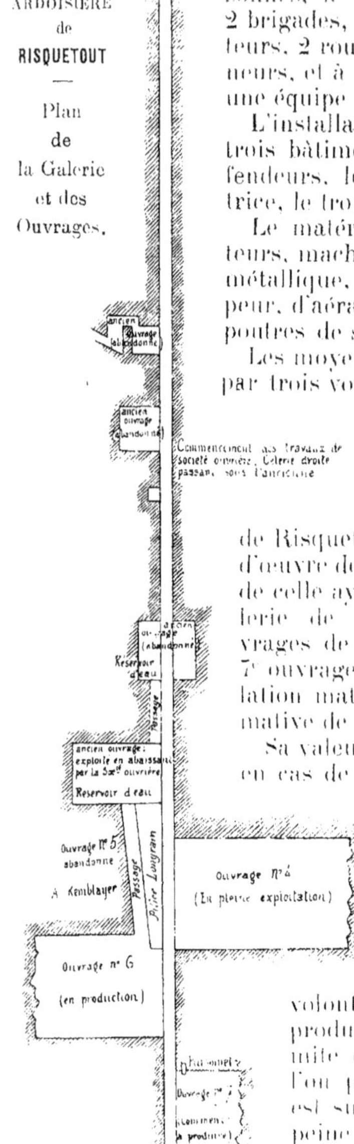

c'est la fortune pour le concessionnaire intelligent et actif qui saura appliquer à la mine le travail intensif et l'outillage qu'elle comporte.

Ajoutons qu'une route de 1.800 mètres, reliant l'ardoisière à la route de Rocroy, vient d'être récemment construite par le département, ce qui vient encore consolider l'importance que l'on peut attacher à la concession.

C'est au prix des plus grands sacrifices que l'Association ouvrière des Ardoisières de Rimogne est arrivée à établir sa mine au point que nous constatons: elle a eu, il est vrai, plusieurs concours financiers : celui des groupements ouvriers des Ardennes, qui ont permis de porter le capital à 69.000 francs; celui de prêteurs et donateurs, comme le député Poulain, qui ont mis une soixantaine de mille francs; celui de l'État qui, tant en prêts qu'en subventions, a apporté 67.500 francs; mais tout cela n'est venu que par paquets et l'Association, après s'être libérée par intermittence envers ses ouvriers, traîne constamment derrière elle un arriéré de salaires de trente à quarante mille francs, qui vient paralyser l'élan des travailleurs de l'Ardoisière ouvrière.

Dès les débuts de son entreprise, l'Association ouvrière avait voulu parer à ces embarras et cherchait les meilleurs moyens d'industrialiser la mine.

Elle consulta, en 1904, M. Martaing, ingénieur civil à Roubaix, qui expertisa la concession et en fit en ces termes la description :

« La concession semble être le cœur des couches diverses prenant naissance aux environs de Monthermé et se terminant aux environs de Richole-les-Rimogne, actuellement épuisées.

« Le gisement est considérable et s'abrite sous des accidents allongés et très réguliers et donne des schistes de toute première qualité.

« La veine greune en exploitation est de toute beauté et nulle part on ne la rencontre plus de cette qualité.

« Les reconnaissances faites à ce jour indiquent des bancs considérables de schiste bleu qui assurent pour un temps rapproché de sérieux revenus.

« Des carrières de pierres et de grès sont en outre la propriété de la Société qui, de ce fait, retirera encore de sérieux bénéfices de leur exploitation en grand ».

M. l'ingénieur Martaing, pour résoudre les difficultés existantes à cette époque, proposait ensuite d'émettre un emprunt pouvant atteindre 500.000 francs sous forme d'obligations de 50 francs 5 0/0, nanties sur tout le bien social actuel et futur de la Société, remboursables en trente-cinq années, afin d'avoir les ressources nécessaires pour installer et outiller la mine d'une façon moderne et relier l'ardoisière à la gare de Rimogne par une voie ferrée avec traction électrique, dont la force serait fournie par la captation d'un cours d'eau passant dans la concession.

Ces appréciations sur le gisement et le régime d'exploitation à perfectionner furent corroborées à plusieurs reprises par les ingénieurs et contrôleurs de mines qui eurent par la suite à s'occuper de l'Ardoisière ouvrière, quoique déjà pas mal d'améliorations aient déjà été apportées, comme la route construite qui a remplacé les chemins de fortune ; mais tout cela, ce ne sont que des remèdes partiels, tandis que c'est une solution d'ensemble qui s'impose.

* *

Votre délégation, après avoir entendu le Conseil d'administration de l'Association, visité la mine, dépouillé les documents remis, est d'avis qu'il y a lieu pour la Chambre consultative d'intervenir, afin d'aider les Ardoisiers de Rimogne à sortir de la situation d'épuisement où ils se trouvent, et à les éclairer sur les moyens à employer pour retirer de leur mine tous les avantages qu'ils sont en droit d'en attendre.

Toute résolution énergique à prendre implique la réorganisation complète de la mine sur de nouvelles bases, dont voici les points essentiels :

1° Régler les salaires en retard ;

2° Imposer statutairement que pour les associés travaillant dans l'entreprise sociale, la souscription, tout en n'étant que d'une seule part de 50 francs en entrant, soit portée obligatoirement au fur et à mesure des libérations successives jusqu'à un minimum de 20 parts, libérables par une retenue de 10 0/0 sur les salaires jusqu'à concurrence de 10 parts, et de 5 0/0 pour les parts au-dessus ;

3° Mettre l'administration technique, industrielle et commerciale en rapport avec l'extension projetée, en créant, sous l'autorité du directeur, deux emplois nouveaux : un emploi d'ingénieur ayant la responsabilité de la mine et surveillant les rendements de chaque ouvrage ; un emploi de chef comptable assurant la tenue judicieuse des comptes ;

4° Porter de trois à cinq le nombre d'ouvrages en rendement ;

5° Construire de nouveaux bâtiments pour la force motrice, les ateliers des fendeurs et avoir une habitation pour le gardiennage ;

6° Substituer la force hydraulique à la force vapeur par la captation d'un cours d'eau pouvant fournir 40 chevaux transmis électriquement ;

7° Percer un chemin de 1.700 mètres dans la forêt, évitant le détour actuel de 4 kilomètres pour aller à la gare de Rimogne.

Ces transformations, et le paiement de l'arriéré des salaires, entraîneraient à une dépense d'environ 200.000 fr., à se procurer et à employer par fractions successives, suivant le degré d'urgence, en mettant en première ligne l'arriéré de salaire, la création des deux emplois et l'ouverture de nouveaux ouvrages.

Le système financier qui nous paraît le plus favorable pour se procurer les fonds serait de faire une émission de 4.000 obligations de 50 francs rapportant un intérêt fixe de 5 0/0, soit une somme de 200.000 francs remboursable en vingt années, à partir du 1ᵉʳ janvier 1914.

Pour rendre le placement attrayant et récompenser les souscripteurs de leur concours décisif, 10 0/0 des bénéfices seraient affectés, suivant approbation de l'assemblée générale extraordinaire modifiant les statuts, à bonifier, en sus des 5 0/0 d'intérêt, le revenu des obligations.

La démonstration du rendement de la mine réorganisée est chose assez simple à suivre, puisque le coût de la matière première n'existant pas il suffit, en l'espèce, de rapprocher deux termes parfaitement connus, le montant de la main-d'œuvre et les frais généraux d'une part, d'autre part le montant de la vente du produit, et d'en déduire la différence.

En voici, d'ailleurs, l'exposé :

1ᵉʳ **Coût de la production de cinq ouvrages en pleine activité.**

a *Main-d'œuvre :*

D'après les détails énoncés plus haut, nous avons vu que l'extraction se faisait par double brigade pour chaque ouvrage.

Chaque brigade comprenant 8 abatteurs payés à raison de 5 fr. 50 par jour, et 2 rouleurs payés 5 francs ; de plus, les 8 abatteurs nécessitant 16 hommes en haut ou fendeurs payés également 5 francs par jour ; les ouvriers travaillant 11 jours par quinzaine à cause du relai des brigades pour le changement de l'heure d'entrée à la mine.

Nous aurons donc : 8 abatteurs × 2 brigades × 5 ouvrages = 11 journées × 5 fr. 50 par quinzaine. 8.840 »

2 rouleurs × 16 fendeurs × 2 × 5 × 11 × 5 . 9.900 »

Total . . . . 14.740 »

Pour l'année entière le total général de la main-d'œuvre sera de :

14,740 × 26 = ... 383.240 »

b) *Frais généraux :*

Personnel, comprenant : 1 directeur, 1 ingénieur, 1 chef comptable, 1 comptable, 1 chef mécanicien, 1 ajusteur, 2 chauffeurs ou conducteurs, 6 manœuvres, gardiens ou autres, dépense annuelle..... 30.000 »

Poudre, chandelles, huiles à graisser et autres frais d'entretien ... . 10.000 »

Amortissement de matériel, impôts, assurances, etc......... 10.000 »

Intérêt au capital actions et obligations 270.000 francs à 5 0/0. 13.560 »

Redevance au triage de Harcy, pour la concession du 40ᵉ d'ardoises extraites, soit 2,5 0/0 des ventes................. 14.625 »

————— 78.125 »

Total général du coût de la production..... 461.365 »

2° Rendement commercial du Produit

a) *Quantité de la production :*

« D'après les chiffres qui nous ont été remis à la mine, (relevé de la deuxième quinzaine d'août), sur le 5° ouvrage en pleine activité, mais non encore à son plein d'exploitation, le rendement par quinzaine et par brigade serait de 89.000 ardoises, ce qui correspond, à 1.000 en plus, à la moyenne obtenue par 16 fendeurs pendant 11 journées, puisqu'il est admis qu'un fendeur débite en moyenne au minimum 500 ardoises dans sa journée.

« En prenant ce 5° ouvrage comme unité type, et en ramenant la moyenne à 75.000 ardoises par quinzaine, pour tenir compte des aléas qui peuvent se produire, nous aurons : 75.000 ardoises × 2 brigades × 5 ouvrages × 26 quinzaines comme production annuelle : 19.500.000 ardoises.

b) *Vente des ardoises :*

« La question de l'écoulement du produit ne se pose pas dans la région du Nord-Est de la France et du Sud de la Belgique, où les couvertures se font presque exclusivement en ardoises : l'ardoise manque sur le marché ; deux années successives, en 1905 et 1906, des cyclones ont ravagé la contrée et il s'écoulera plus de dix années avant que toutes les couvertures d'habitations saccagées ne soient refaites ; en attendant, partout l'on voit des couvertures provisoires en carton bitumé.

De plus, l'Ardoisière ouvrière de Rimogne se trouve dans une position privilégiée pour la vente de ses produits.

Ainsi que le constatait M. l'ingénieur Marlaing dans son rapport :

« La veine *grenue* en exploitation est de toute beauté, **et nulle part on n'en rencontre plus de cette qualité.** »

L'ardoisière de Risquetout fournit la qualité d'ardoise connue dans le pays sous le nom de *grenue*, ardoise qui a le double avantage d'avoir une durée de un cinquième en plus que l'ardoise ordinaire, qui résiste de 80 à 100 ans, et en raison de sa solidité, permet de confectionner des ardoises de plus grandes dimensions ; il y a, au bureau de l'Ardoisière, des plaques ayant 2 mètres sur 0 m. 50 et 2 millimètres d'épaisseur, qui ont un aspect tout à fait métallique ; l'analyse chimique, qui en a été faite, en donne la composition, dont les éléments principaux sont les suivants :

Silice..........................	59.360 0/0
Alumine.....................	7.140 —
Fer en peroxyde............	26.140 —

Ces considérations, jointes à celles que les couches de *grenue* se trouvent épuisées dans les autres ardoisières, font que l'Ardoisière de Rimogne obtient un prix marchand supérieur pour ses ardoises, et que le modèle courant se vend 30 francs le mille pris sur le carreau de la mine ; le prix se maintient encore mieux pour les ardoises de dimensions sortant de l'ordinaire ; c'est ainsi qu'il a été livré, récemment, 60.000 ardoises pour la cathédrale de Noyon, au prix de 60 francs le mille.

En prenant le prix du modèle le plus courant comme base d'évaluation, nous aurons comme recette provenant de la vente de la production annuelle :

19.500.000 ardoises × 30 = ...	585.000 »
Le coût de la production s'élevant à.......	461.365 »
Le bénéfice net annuel serait donc de......	123.635 »

Il est évident que ce bénéfice ne sera atteint que lorsque les 6e et 7e ouvrages récemment ouverts seront arrivés en pleine exploitation et que les 8e et 9e ouvrages auront été rabotés et mis sur le même rang des autres ouvrages, ce qui représente une dépense d'une soixantaine de mille francs, et porte la période du plein des résultats à 1909.

A partir de ce moment, le revenu de 5 0/0 l'an des obligations se doublera d'une participation de 10 0/0 dans les bénéfices, soit 12.363 fr. 50 pour 200.000 francs ou 6 18 0/0, au total 11 fr. 18, taux éventuel qui devrait suffire par lui-même pour assurer le succès d'une émission.

Ces 11 fr. 18 0/0 au capital obligations pourront paraître surprenants, ils n'ont cependant rien d'extraordinaire ; à Rimogne, les actions de 500 francs d'une ardoisière sont capitalisées par le dividende qui leur a été attribué, aux environs de 40.000, et, en général, on sait que les industries extractives, dont sont tributaires la plupart des autres industries, sont des œuvres maîtresses qui rapportent de gros revenus, lorsqu'il s'agit d'un produit abondant et d'une longue durée d'exploitation.

Le lancement d'une émission assez importante dans les milieux ouvriers et le public, et à propos d'une société ouvrière, est un événement nouveau qui n'a pas été sans beaucoup préoccuper votre délégation avant qu'elle se décidât à en faire la proposition à la Chambre consultative.

Nous savons bien que l'éducation du prolétariat est à faire toute entière en matière de finances, et c'est pourquoi l'industrie capitaliste fait tant la sourde oreille aux revendications ouvrières.

Pourtant, nous n'hésitons pas à conseiller cette émission, parce que l'on retrouvera rarement une occasion aussi complète pour amener les ouvriers coopérateurs et syndiqués, et même le public, à s'intéresser, dans la recherche d'emplois des fonds à un but d'utilité sociale, tout en leur présentant un placement sûr et jouissant d'un revenu aussi élevé que l'on puisse le désirer.

Aux caisses d'épargne, qui retirent les capitaux de l'activité industrielle ;

Aux emprunts étrangers, qui exportent nos moyens d'action ;

Aux titres exotiques, de haute banque ou de sociétés oppressives, qui ne laissent que déceptions ou ne visent qu'à la spéculation ou au lucre :

Il faut désormais substituer les placements ayant un effet immédiat à la fois industriel et social, ce qui n'exclut ni la sécurité, ni la rémunération légitime.

L'émancipation des travailleurs par les travailleurs eux-mêmes ne se cristallisera en une réalité, à puissance immédiate, qu'autant que les fonds des travailleurs sauront exclusivement faire naître et prospérer des entreprises de travailleurs, au lieu d'aller aveuglément, comme cela se voit malheureusement jusqu'ici, se retourner contre les travailleurs, en augmentant la puissance de ceux qui leur sont hostiles.

Voilà l'orientation à donner aux petits ruisseaux de l'épargne ouvrière dans le torrent de la circulation des capitaux qui dominent le monde.

Faire que dans l'emploi des sous du travailleur l'on retrouve la même logique que celle qui anime son cerveau et que sa main et sa mentalité tendent ensemble simultanément au même but : l'émancipation ouvrière; c'est là l'éducation financière qu'à bon escient l'on doit s'attacher à rendre populaire.

En regard du devoir de chacun, il faut aussi mettre comme contrepartie le rôle nettement émancipateur des entreprises pour lesquelles l'on fait appel.

Définissons : « L'Association ouvrière industrielle est celle qui, tout en assurant la vie normale de ses membres, concourt effectivement, dans la plus large mesure, à l'émancipation générale des travailleurs. »

Et c'est ici qu'apparaît la vertu du pacte coopératif industriel sur le concept particulier ou capitaliste.

La Société ouvrière ne croit pas que la richesse soit seulement le fruit de l'activité et de l'intelligence de ceux qui la produisent, et, par conséquent, lui appartienne en propre; elle ne se croit pas libérée de toute dette sociale lorsqu'elle a observé les lois et acquitté les impôts.

La Société ouvrière croit, au contraire, comme Auguste Comte l'a hautement proclamé, que dans toute richesse produite il y a, comme facteur le plus important, l'acquis des ancêtres et la contingence des contemporains; la Société ouvrière entend donc, quand elle arrive à la période fructueuse, qu'une large partie de ses profits aille au progrès social et à l'émancipation générale.

Toutes les doctrines philosophiques des partisans des Sociétés ouvrières industrielles se rattachent à cette théorie de la formation et de la répartition altruiste d'une partie des richesses produites, et il est évident, qu'entrevue dans ses origines et dans ses fins, l'Association ouvrière ne saurait en admettre d'autre.

Les Associations ouvrières qui restent confinées dans leur cercle, limitant leurs aspirations à la satisfaction de leurs seuls adhérents, et qui n'ont pas su comprendre ce principe supérieur, obéissent encore à l'ataxisme de l'égoïsme et forment une sorte de bourgeoisisme collectif que nous réprouvons.

L'Association ouvrière des ardoisiers de Harcy-Rimogne est une Association ouvrière dans toute la grandeur du terme.

Elle est née à la suite d'une grève ; ses adhérents étaient et sont restés syndiqués ; un lock-out patronal ayant interdit l'entrée de l'usine aux militants, le député ouvrier Poulain leur montra la voie de la responsabilité de l'entreprise et du sacrifice volontaire, qui était aussi celle de l'espoir et de l'indépendance.

Ils comprirent le geste libérateur, et leurs efforts sont venus s'ajouter aux précédents pour démontrer que les mines pouvaient se passer de l'intervention onéreuse du patronat, et être concédées directement aux ouvriers.

Ce n'est pas seulement pour leur profit personnel que les Ardoisiers de Rimogne veulent extraire la richesse contenue dans les entrailles de la terre, c'est aussi pour coopérer à l'affranchissement du prolétariat, témoin les clauses statutaires contenues dans l'article 34, qu'ils se proposent de faire préciser ainsi par l'Assemblée générale extraordinaire des associés.

Les bénéfices sont ainsi répartis :

10 0/0 à la Caisse de propagande de la Société ;

3 0/0 sont attribués à la Caisse d'encouragement de la Chambre consultative pour la formation de nouvelles Associations ;

1 0/0 sera versé au Protectorat coopératif de l'enfance et de la jeunesse dit « Orphelinat de la coopération » ;

1 0/0 sera versé à la Société de secours mutuels, de retraites, d'aide en cas de chômage, de placement et de cours professionnels dite « Le Garantisme coopératif ».

Au fur et à mesure des remboursements effectués, les sommes successivement rendues libres par ce fait sur la répartition des bénéfices, seront reportées à la Caisse de propagande de la Société dont l'attribution respective, après complet amortissement des obligations, sera portée à 20 0/0, sur lesquels ladite Caisse disposera de 1 0/0 en plus du tantième déjà indiqué en faveur de chacune des trois œuvres coopératives fédérales, La « Chambre consultative », le « Protectorat de la Jeunesse » et le « Garantisme coopératif ».

L'Ardoisière ouvrière de Harcy-Rimogne étant appelée à produire à bref délai des bénéfices annuels se chiffrant par des centaines de mille francs, l'on voit que cette déclaration n'est pas une formule vaine, et que si toutes les sociétés ouvrières savaient alimenter le budget d'émancipation dans d'aussi fortes proportions, le salariat aurait bientôt vécu.

Il appartient donc à tous les coopérateurs, à tous les syndiqués, à tous les groupements ouvriers, à tous les bons citoyens, qui comprennent que l'ère de l'émancipation ouvrière est proche, de savoir mettre leurs intérêts, leur intelligence et leur cœur au service d'une idée de Progrès et de Justice.

Pour conclure, la délégation que vous avez envoyé à Rimogne,

Considérant que la situation de l'Association ouvrière des Ardoisiers de Harcy-Rimogne mérite à tous égards toute la sympathie et les encouragements des travailleurs ;

Considérant que le gisement de Risquetout qui lui a été concédé est reconnu comme ayant une valeur extraordinaire et une durée de cent années et plus d'exploitation ;

Considérant que les travaux sont arrivés sur la couche à rendement,

Vous propose la résolution suivante :

« La Chambre consultative des Associations ouvrières de production, d'accord avec l'Association ouvrière des Ardoisiers de Harcy-Rimogne, décide que pour réaliser le projet de perfectionnement d'organisation et d'exploitation de l'Ardoisière de Risquetout, il sera fait dans les milieux ouvriers et dans le public, un emprunt de 200,000 francs au moyen d'une émission de 4.000 obligations rapportant 5 0/0 d'intérêt, et participant pour 10 0/0 en plus dans les bénéfices de l'entreprise.

« L'emprunt sera remboursable en vingt années et par vingtième à partir du 1er janvier 1911.

« Les souscriptions seront libérables 5 0/0 en souscrivant et le solde au moyen d'effets mensuels avec faculté d'émancipation.

« La Banque coopérative mettra au service de l'émission son rouage financier. »

En prenant cette résolution, vous inaugurerez la généralisation et la centralisation des moyens financiers en faveur des Sociétés ouvrières de production, et nous croyons qu'en agissant ainsi, l'Association ouvrière gagnera en force et pénétrera mieux l'esprit public.

LA DÉLÉGATION :

R. BARRÉ, *directeur de la Banque coopérative ;*

P. CERÈZE, *directeur des Charpentiers réunis ;*

L. PASQUIER, *administrateur-délégué de l'Union des Ouvriers serruriers.*